BEI GRIN MACHT SICH IHR WISSEN BEZAHLT

- Wir veröffentlichen Ihre Hausarbeit,
  Bachelor- und Masterarbeit

- Ihr eigenes eBook und Buch -
  weltweit in allen wichtigen Shops

- Verdienen Sie an jedem Verkauf

Jetzt bei www.GRIN.com hochladen und kostenlos publizieren

Alexander Settle

Das Bayes' sches Theorem. Totale und bedingte Wahrscheinlichkeit

GRIN Verlag

Bibliografische Information der Deutschen Nationalbibliothek:

Die Deutsche Bibliothek verzeichnet diese Publikation in der Deutschen National-
bibliografie; detaillierte bibliografische Daten sind im Internet über http://dnb.d-
nb.de/ abrufbar.

Impressum:

Copyright © 2011 GRIN Verlag GmbH
Druck und Bindung: Books on Demand GmbH, Norderstedt Germany
ISBN: 978-3-656-73054-5

Dieses Buch bei GRIN:

http://www.grin.com/de/e-book/187119/das-bayes-sches-theorem-totale-und-
bedingte-wahrscheinlichkeit

GRIN - Your knowledge has value

Der GRIN Verlag publiziert seit 1998 wissenschaftliche Arbeiten von Studenten, Hochschullehrern und anderen Akademikern als eBook und gedrucktes Buch. Die Verlagswebsite www.grin.com ist die ideale Plattform zur Veröffentlichung von Hausarbeiten, Abschlussarbeiten, wissenschaftlichen Aufsätzen, Dissertationen und Fachbüchern.

Besuchen Sie uns im Internet:

http://www.grin.com/

http://www.facebook.com/grincom

http://www.twitter.com/grin_com

Technische Hochschule Mittelhessen
05.12.2011

TECHNISCHE HOCHSCHULE MITTELHESSEN

Bayes'sches Theorem

Totale und bedingte Wahrscheinlichkeit

Erarbeitet von:

Alexander Settle und Lukas Vestert

Verfasst von:

Alexander Settle

Kurs: Mathematik 3

Ausarbeitung des Themas: Bayes'sches Theorem, totale und bedingte Wahrscheinlichkeit

Inhaltsverzeichnis

Das Bayestheorem, totale und bedingte Wahrscheinlichkeit

1.Einleitung

Diese Aufarbeitung des Themas soll Ihnen einen gut verständlichen Einblick in die Wahrscheinlichkeitsrechnung nach dem Bayestheorem geben. Es soll Schritt für Schritt der Ursprung und das Entstehen dieser Rechnung erarbeitet werden, um letztendlich alle Erkenntnisse zusammenzutragen und auf das eigentliche Bayestheorem und seine Funktionsweise zu kommen. Die Aufarbeitung ist weniger wie ein Mathematik-Lehrbuch, das einem möglichst kompakt und allgemein eine Rechenvorschrift zur Verfügung stellt, mit der viele nichts anfangen können, sondern soll vielmehr auch für Leser ohne jegliche Vorkenntnisse oder Ahnung von Mathematik einen gut nachvollziehbaren und verständlichen Einblick geben und das Interesse am Thema wecken. Lassen Sie den Text daher vollkommen stressfrei auf sich wirken, lesen Sie in Ruhe Absatz für Absatz durch und lassen Sie Diesen Revue passieren. Und Sie werden sehen, dass vieles sehr viel einfacher ist als es scheint.

2.Vorstellen des Bayestheorems

Das Bayestheorem ist nach dem englischen Mathematiker Thomas Bayes benannt, der dieses 1763 erstmals in seinem Schriftwerk „Essay Towards Solving a Problem in the Doctrine of Chances" veröffentlichte (Q1).

Das Bayestheorem basiert auf der totalen und der bedingten Wahrscheinlichkeit. Damit lassen sich Wahrscheinlichkeiten berechnen, wie der Name schon erahnen lässt, denen eine bestimmten Bedingung vorausgesetzt ist. So z.B. die Wahrscheinlichkeit, dass ein bestimmtes Ereignis eintritt, unter der Bedingung oder auch Voraussetzung, dass zuvor ein anderes Ereignis eingetreten ist.

3. Einführung des Urnen-Kugelmodells

Üblicherweise lassen sich die Grundzüge dieser Wahrscheinlichkeitsrechnungen am besten anhand von simplen Beispielen mit Urnen und Kugeln erklären. In unserem Beispiel möchten wir daher nun zwei Urnen betrachten, in denen sich Kugeln befinden. Wir benennen diese Urnen, um sie deutlich voneinander unterscheiden zu können. Die erste Urne wird mit „A" bezeichnet. Die zweite Urne nennen wir „B".

 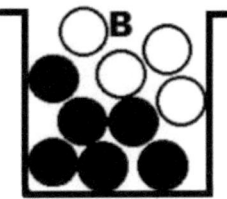

(Abb.1 Q3)

Nun werden beide Urnen mit jeweils 10 Kugeln gefüllt. Es gibt jedoch zweierlei Kugeln mit unterschiedlichen Farben. Schwarze Kugeln (benannt mit „S"), und weiße Kugeln (benannt mit „W"). So sind in Urne „A" 3 schwarze, und 7 weiße Kugeln. In Urne „B" hingegen sind es 6 schwarze und 4 weiße Kugeln. Die praktische Ermittlung von Wahrscheinlichkeiten lässt sich durch mehrmaliges Wiederholen von Experimenten mit zufälligem Ergebnis ermitteln. Für unsere Rechnung möchten wir das Ganze mit unseren Urnen auf theoretischem Wege angehen. Wir nehmen wie in der Realität an, dass wir zufällig eine Kugel aus einer der beiden Urnen ziehen. Dabei betrachten wir bei jedem Schritt welche möglichen Ereignisse es gibt und wie groß die Wahrscheinlichkeiten dafür sind.

Wir möchten zunächst herausfinden, wie groß die Wahrscheinlichkeit ist, dass wir zufällig in Urne „A" greifen **und** eine schwarze Kugel ziehen. Dazu gehen wir zwei einzelne Schritte, die wir später verknüpfen.

Die Benennung der Wahrscheinlichkeit die wir betrachten möchten ist besonders wichtig. Weshalb wird klar wenn wir die ersten Rechnungen vollendet haben und uns alles einmal ganz genau anschauen.

4. Ereignisbaum

Um das Vorgehen des Rechenweges besser nachvollziehen zu können, eignet sich ein sogenannter Ereignisbaum am besten. Wir werden uns zwischendurch auf diesen Ereignisbaum beziehen, um Klarheit über den Stand der Betrachtung zu bekommen. (Q2 S.51)

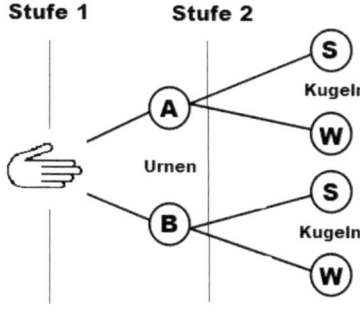

Stufe 1   Stufe 2

(Abb.2 Q3,Q4)

5. Einfache Wahrscheinlichkeitsberechnung

Wir beginnen bei der Wurzel des Baumen und stehen quasi an der ersten Stufe unseres Ereignisbaums vor unseren zwei Urnen. Und die erste Frage die sich stellt ist, in welche Urne werden wir greifen.

Es gibt genau zwei Möglichkeiten, die eine ist in Urne „A" zu greifen und die andere ist in Urne „B" zu greifen. Wenn eine der beiden Möglichkeiten eintritt, nennt man das ein Ereignis. Da wir in der Theorie den optimalen, neutralen Fall betrachten, ist die Wahrscheinlichkeit in Urne „A" zu greifen genau so groß wie in Urne „B" zu greifen.

Die theoretische Wahrscheinlichkeit eines Ereignisses lässt sich errechnen, indem man zunächst das Eine betrachtete Ereignis durch die Anzahl aller möglichen Ereignisse teilt (Q2 S.40-41). Bei der Wahrscheinlichkeit in welche Urne wir greifen, teilen wir deshalb die Anzahl des betrachteten Ereignisses, also Wahl der Urne „A" gleich 1, durch die Anzahl aller Möglichkeiten, also Urne „A" und „B" gleich 2. So ergibt sich eine Wahrscheinlichkeit von $\frac{1}{2}$=0,5 oder 50%, dass wir in Urne „A" greifen.

Wir benennen Wahrscheinlichkeiten mit P (probabilite)(Q2 S.36), also ist die Wahrscheinlichkeit, in Urne „A" zu greifen P(A)=0,5=50%, gesprochen Wahrscheinlichkeit von A, oder auch P von A.

Jetzt sind wir auf der zweiten Stufe unseres Ereignisbaums, haben die Hand in der Urne „A" , und wollen wissen wie groß jetzt die Wahrscheinlichkeit ist, eine schwarze statt einer weißen Kugel zu ziehen. Die schwarzen Kugeln benennen wir mit „S" und die weißen mit „W". Gesucht ist also nun P(S).

Wir möchten wissen, wie groß die Wahrscheinlichkeit ist, eine der 3 schwarzen Kugeln aus allen 10 Kugeln zu ziehen. Es gibt 10 Möglichkeiten, 3 davon sind eine schwarze Kugel zu ziehen, und 7 sind eine weiße Kugel zu ziehen. Die Wahrscheinlichkeit errechnet sich wie gewohnt aus Anzahl des betrachteten Ereignisses durch Anzahl aller möglichen Ereignisse (Q2 S.40-41).

Jetzt ist die Möglichkeit unser betrachtetes Ereignis zu wählen, eine schwarze Kugel ziehen, aber **nicht mehr gleich 1, sondern gleich 3**. Weil wir drei schwarze Kugeln haben, und die Chance höher ist eine schwarze Kugel zu ziehen, als wenn es nur eine schwarze Kugel gäbe.

Daher teilen wir die Anzahl der betrachteten Ereignisse durch die Anzahl aller möglichen Ereignisse, also 3 durch 10. So erhalten wir die Wahrscheinlichkeit in der Urne eine schwarze Kugel zu ziehen $P(S) = \frac{3}{10} = 0,3 = 30\%$. (Q2 S.40-41)

Damit haben wir auch schon die ersten großen Schritte gemacht und das Wesentliche gelernt, nämlich Wahrscheinlichkeiten auszurechnen. Wer bisher den Überlegungen folgen konnte, wird sicher auch weiterhin keine Probleme haben.

Dadurch, dass es nie mehr betrachtete Ereignisse als mögliche Ereignisse geben kann, liegt eine Wahrscheinlichkeit immer zwischen 0 und 1 bzw. zwischen 0% und 100% (Q2 S.46). Dabei bedeutet eine Wahrscheinlichkeit von 1 bzw. 100% das sichere Eintreten des Ereignisses, und eine Wahrscheinlichkeit von 0 bzw. 0% ein sicheres Nichteintreten des Ereignisses.

6. Die bedingte Wahrscheinlichkeit

Da unsere ursprüngliche Frage ja ist, wie groß die Wahrscheinlichkeit ist, in Urne „A" zu greifen **und** eine schwarze Kugel zu wählen, dürfte jetzt klar werden, dass in die Urne „A" zu greifen, die Voraussetzung oder Bedingung ist, um eine schwarze Kugel ziehen zu können. (Q2 S.47)

Dies ist der eigentliche Schlüssel zum Verständnis der bedingten Wahrscheinlichkeit. Denn es dürfte logisch erscheinen, dass die Wahrscheinlichkeit in Urne „A" zu greifen, die Wahrscheinlichkeit eine schwarze kugel zu ziehen, beeinflusst. Denn sollten wir in Urne „B" greifen, ist die Wahrscheinlichkeit eine schwarze Kugel zu ziehen durch die Verteilung der Kugeln ganz anders.

Deshalb bezeichnen wir die Wahrscheinlichkeit P(S) jetzt mit P(S|A), was bedeutet : Größe der Wahrscheinlichkeit von „S" unter der Bedingung das „A" bereits eingetreten ist. (Q2 S.47)

Nun müssen wir die Wahrscheinlichkeit in Urne „A" zu greifen (P(A)) mit der Wahrscheinlichkeit in Urne „A" eine schwarze Kugel zu ziehen (P(S|A)) kombinieren, um unsere Frage zu beantworten, wie groß die Wahrscheinlichkeit ist, in Urne „A" zu greifen **und** eine schwarze Kugel zu ziehen.

7. Der Multiplikationssatz

*Wenn die Wahrscheinlichkeit gesucht ist, dass mehrere Ereignisse eintreten, also wie bei uns Ereignis „A" **und** „S", dann bezeichnet man diese mit z.B. P(A∩S), was bedeutet, dass das Ereignis „A" **und** das Ereignis „S" eintritt, also Wahrscheinlichkeit von A **und** S (Q2 S.39). Diese Wahrscheinlichkeit kann man mit Hilfe des Multiplikationssatz errechnen. Der Multiplikationssatz lautet z.B. P(A∩S)= P(A)·P(S|A), es werden also die Wahrscheinlichkeiten der jeweiligen Ereignisse miteinander multipliziert (Q2 S.42-44)*

Für unser Beispiel müssen wir somit die Wahrscheinlichkeit P(A), in Urne „A" zu greifen, mit der Wahrscheinlichkeit P(S|A), aus Urne „A" **eine schwarze Kugel** zu ziehen, miteinander multiplizieren (Q2 S48). Somit ergibt sich aus P(A)·P(S|A)= 0,5·0,3= 0,15= 15%, dass die Wahrscheinlichkeit, in Urne „A" zu greifen **und** eine schwarze Kugel zu ziehen gleich 0,15=15% ist. Diese Wahrscheinlichkeit bezeichnen wir, wie aus dem Multiplikationssatz bekannt ist, als die Wahrscheinlichkeit das „A" **und** „S" eintreten, mit P(A∩S)=15%.

8. Unterschiede Wahrscheinlichkeitsbezeichnungen

Jetzt sind wir an dem Zeitpunkt angelangt, die angesprochene Vorsicht bei der Definition von Wahrscheinlichkeiten zu begründen. Die fettgedruckten Teile sind die Schlüsselstellen bei der Unterscheidung.

Differenzierung der Bezeichnungen verschiedener Wahrscheinlichkeiten bei gleichen Gegebenheiten:

Wir haben bisher die bedingte Wahrscheinlichkeit P(S|A) kennengelernt, die die Wahrscheinlichkeit bezeichnet, dass wir in Urne „A" **eine schwarze Kugel** ziehen, und eben keine weiße Kugel (Q S.47). Die Wahrscheinlichkeit bezieht sich nur auf die Wahl der Kugel nach Griff in Urne „A".

Weiterhin haben wir die Wahrscheinlichkeit P(A∩S) kennengelernt, die die Wahrscheinlichkeit bezeichnet, dass wir in Urne „A" greifen **und** eine schwarze Kugel ziehen (Q2 S39,41). Die Wahrscheinlichkeit bezieht sich auf die Gesamtwahrscheinlichkeit in Kombination aus Wahl der Urne und Wahl der Kugel.

Nun kann man aber die Ansicht der Situation ändern und nach einer weiteren Wahrscheinlichkeit fragen. Und zwar kann man auch fragen, wie groß denn die Wahrscheinlichkeit ist, eine schwarze Kugel **aus Urne „A"** zu ziehen, und eben nicht aus Urne „B". Diese Wahrscheinlichkeit bezeichnet man dann mit P(A|S), die Wahrscheinlichkeit, dass die gezogene Kugel aus Urne „A" ist unter der Bedingung, dass es eine schwarze Kugel ist (Q2 S47). Hierbei spielen weitere Wahrscheinlichkeiten eine Rolle, die wir nun näher betrachten.

Da man diese völlig unterschiedlichen Wahrscheinlichkeiten gerne verwechselt oder sich eben über den Unterschied nicht im Klaren ist, ist es sehr wichtig sich dabei klar auszudrücken oder sie eben mit mathematischen Bezeichnungen wie P(XYZ) zu benennen, um Missverständnisse vorzubeugen.

Der Sinn oder die Aufgabe von Wahrscheinlichkeitsrechnungen ist es, die Wahrscheinlichkeit für das Eintreten eines bestimmten Ereignisses zu bestimmen. Hierbei sind oft Teilwahrscheinlichkeiten gegeben bzw. leicht zu ermitteln, um mit den richtigen Rechnungen an die gesuchte Wahrscheinlichkeit zu kommen, die nicht auf Anhieb ersichtlich sind. Siehe oberes Rechenbeispiel.

Bei sehr komplexen Rechnungen, die realitätsnah sind und eher weniger mit Urnen und Kugeln zu tun haben, als vielmehr mit Krankheitswahrscheinlichkeiten und deren Entdeckungswahrscheinlichkeit, lassen sich Ergebnisse nicht nachvollziehen. Diese enthalten dezimale Zahlenwerte (also Kommazahlen), weshalb man auf eine Formel angewiesen ist, die sicher das richtige Ergebnis liefert.

Im weiteren Vorgehen werden wir als Nachweis und zur Verdeutlichung des Bayestheorems die Rechnung von der anderen Seite angehen, was bei solch einfachen Beispielaufgaben gut möglich ist und sehr zum Verständnis beiträgt.

Die in unserem Beispiel erarbeitete Gleichung $P(A \cap S) = P(A) \cdot P(S|A)$, die auf dem Multiplikationssatz beruht, lässt sich durch das Teilen durch P(A) auf beiden Seiten, nach der Wahrscheinlichkeit P(S|A) umstellen. Also die Wahrscheinlichkeit aus Urne „A" **eine schwarze Kugel** zu ziehen (Q2 S.47-48).

$$P(A \cap S) = P(A) \cdot P(S|A) \xLeftrightarrow{daraus\ folgt} P(S|A) = \frac{P(A \cap S)}{P(A)}$$

9.P(A/S) wird analog eingeführt

Analog zu dieser Gleichung soll laut dem Bayestheorem gelten (Q2 S.47):

$$P(A|S) = \frac{P(A \cap S)}{P(S)}$$

Lassen sie uns einmal schauen, was da steht.

$P(A \cap S)$ ist die bekannte Wahrscheinlichkeit in Urne „A" zu greifen **und** eine schwarze Kugel zu ziehen (Q2 S.39,41).

P(S) ist die Größe der Wahrscheinlichkeit überhaupt eine schwarze „S" Kugel zu ziehen egal ob aus Urne „A" oder „B" also ohne Bedingung.

Jetzt dürfte noch einmal klar werden, warum wir das anfangs bestimmte P(S) in P(S|A) umbenannt haben (Q2 S.47).

P(A|S) ist die oben erwähnte Wahrscheinlichkeit, eine schwarze Kugel **aus Urne „A"** zu ziehen, und eben nicht aus Urne „B", also die Wahrscheinlichkeit, dass die gezogene Kugel aus Urne „A" ist unter der Bedingung, dass es eine schwarze Kugel ist (Q2 S.47).

Nun überprüfen wir ob die als analog angenommene Gleichung korrekt ist.

10. Nachweis von P(A|S) durch Gleichsetzen

Wenn man beide Gleichungen nach $P(A \cap S)$ umstellt, indem man Gleichung 1 mit P(A), und Gleichung 2 mit P(S) multipliziert, kann man sie gleichsetzten (Q2 S47-48).

$$P(S|A) = \frac{P(A \cap S)}{P(A)} \quad P(A|S) = \frac{P(A \cap S)}{P(S)}$$

$$P(A) \cdot P(S|A) = P(A \cap S) = P(S) \cdot P(A|S)$$

Durch Einsetzen der Werte aus unserem Beispiel können wir die Gleichung überprüfen. P(S|A), P(A) und P(A∩S) sind uns bekannt, doch P(S) und P(A|S) müssen erst noch ermittelt werden.

P(A|S) lässt sich anschaulich herleiten. Wir wissen, dass P(A|S) die Wahrscheinlichkeit ist, dass eine gezogene schwarze Kugel aus Urne „A" kommt, und nicht aus Urne „B" (Q2 S47). Die Wahrscheinlichkeiten P(A) und P(B) sind aber gleich groß ebenso wie die Anzahl aller Kugeln in jeder Urne. Daher muss doch die Wahrscheinlichkeit von der Anzahl der schwarzen Kugeln in der jeweiligen Urne abhängen. Somit ergibt sich P(A|S) aus Anzahl der betrachteten Ereignisse, also 3 schwarze Kugeln in Urne „A", durch die Anzahl aller möglichen Ereignisse, also 3 schwarze Kugeln aus „A" plus 6 schwarze Kugeln aus Urne „B", macht insgesamt 9 schwarze Kugeln.

Daraus folgt P(A|S)=$\frac{3}{9}$=$\frac{1}{3}$=0,33=33,33%.

Dieser Anteil von schwarzen Kugeln befindet sich in Urne „A".

Jetzt muss noch P(S), die Wahrscheinlichkeit überhaupt eine schwarze Kugel zu ziehen, mit Hilfe des Additionssatzes errechnet werden. Und das funktioniert folgender maßen.

11. Das Additionsgesetzt

Wenn eine Wahrscheinlichkeit gefragt ist, bei der mindestens eins von mehreren Ereignissen eintreten soll, so werden nach dem Additionssatz deren jeweilige Wahrscheinlichkeiten miteinander addiert. Der Würfel gibt ein gutes Beispiel. Fragt man Beispielsweise nach der Größe der Wahrscheinlichkeit, eine gerade Zahl zu würfeln, so addiert man die Wahrscheinlichkeit von den Augen 2,4 und 6, wie folgt (Q2 S.41-42):

$$P(\text{ganzzahlig})= (P(2)=\tfrac{1}{6})+ (P(4)=\tfrac{1}{6})+ (P(6)\tfrac{1}{6})= \tfrac{1}{6} + \tfrac{1}{6} + \tfrac{1}{6}= \tfrac{3}{6}= \tfrac{1}{2}= 0,5= 50\%$$

In unserem Beispiel gibt es zwei mögliche Wahrscheinlichkeiten, eine schwarze Kugel zu ziehen. Und zwar entweder man greift in die Urne „A" **und** zieht mit der Wahrscheinlichkeit $P(A \cap S)$ eine schwarze Kugel oder man greift in Urne „B" **und** zieht mit der Wahrscheinlichkeit $P(B \cap S)$ eine schwarze Kugel.

Also müssen diese Wahrscheinlichkeiten nach dem Additionssatz miteinander addiert werden, um die Wahrscheinlichkeit P(S) zu errechnen (Q2 S.39,41-42). Hierzu errechnen wir zunächst noch die uns unbekannte Wahrscheinlichkeit $P(B \cap S)$, die Wahrscheinlichkeit in Urne „B" zu greifen und **eine schwarze Kugel** zu ziehen. Wie gewohnt über den Multiplikationssatz $P(B \cap S) = P(B) \cdot P(S|B)$ (Q2 S.42-44). Hierfür benötigen wir noch die Wahrscheinlichkeit P(S|B) über Anzahl der betrachteten Ereignisse, also 6 schwarze Kugeln in Urne „B", durch alle möglichen Ereignisse, also 10 Kugeln insgesamt in Urne „B" (Q2 S.47). Daraus folgt $P(S|B)=\tfrac{6}{10}=0.6=60\%$. Dies mit P(B) multipliziert gibt

$$P(B \cap S)=P(B) \cdot P(S|B)=0,5 \cdot 0,6=0,3=30\% \text{ mit } P(B)=P(A).$$

Nun können wir P(S) mit dem Additionssatz wie folgt berechnen:
P(S)=P(A∩S)+P(B∩S), die Wahrscheinlichkeit P(A∩S), in die Urne „A" zu greifen **und** eine schwarze Kugel zu ziehen, plus P(B∩S), die Wahrscheinlichkeit in Urne „B" zu greifen **und** eine schwarze Kugel zu ziehen (Q2 S.39,41-42).

Mit den Werten können wir jetzt rechnen:

P(S)= P(A∩S)+P(B∩S)=0.15+0.3=0,45=45%.

12. Die totale Wahrscheinlichkeit

Und hier kommt der erste Teil des Themennamen hervor. Und zwar ist P(S) jetzt genau die totale Wahrscheinlichkeit von der die Rede ist. Denn im Gegensatz zur bedingten Wahrscheinlichkeit z.b. P(S|A), hat die totale Wahrscheinlichkeit P(S) keinerlei Bedingungen von P(A) oder P(B). Relevant für die Wahrscheinlichkeit ist nur das Verhältnis aller weißen und aller schwarzen Kugeln weil die Wahrscheinlichkeiten der jeweiligen Urnen gleich groß sind (Q2 S.49-50). Das heißt, die Wahrscheinlichkeit überhaupt eine schwarze Kugel zu ziehen, egal aus welcher Urne liegt bei 45%.

Zur Erinnerung: Wir wollten zeigen, dass die Gleichung für P(A|S) korrekt ist indem wir in die gleichgesetzten Gleichungen Werte unseres Beispiels einsetzen. Also setzen wir ein:

$$P(A) \cdot P(S|A) = P(A \cap S) = P(S) \cdot P(A|S)$$
$$0,5 \cdot 0,3 = 0,15 = 0,45 \cdot \frac{1}{3}$$
$$0,15 = 0,15 = 0,15$$

Das zeigt, dass die Gleichung

$$P(A|S) = \frac{P(A \cap S)}{P(S)}$$

korrekt ist (Q2 S.47-48).

Dadurch, dass wir jetzt beide Gleichungen gleich setzten dürfen, lässt sich diese Gleichung dann nach jeder Komponente umstellen, um sie zu errechnen. Je nachdem welche Werte man gegeben hat, wissen will oder leicht errechnen kann, kann man sich die Formel umformen (Q2 S.47-48).

$$P(A) \cdot P(S|A) = P(S) \cdot P(A|S) \xleftrightarrow{daraus\ folgt} P(A|S) = \frac{P(A) \cdot P(S|A)}{P(S)}$$

13. Überführung in die Allgemeine Form

Aus allen Rechenschritten, die wir durchgegangen sind, ergibt sich die allgemeine Form des Satz von Bayes:

Mit A_j als verschiedene Bedingungsereignisse in der Stufe 1 im Ereignisbaum für das eigentliche Ereignis „E" der zweiten Stufe.

$$P(A_j|E) = \frac{P(A_j) \cdot P(E|A_j)}{P(E)} \quad \text{(Q2 S.49-50)}$$

Und für P(E)= $P(A_1) \cdot P(E|A_1) + P(A_2) \cdot P(E|A_2) \dots + P(A_i) \cdot P(E|A_i)$, die Summe aller Möglichkeiten dass E eintrifft, ergibt sich:

$$P(A_j|E) = \frac{P(A_j) \cdot P(E|A_j)}{\sum_{i=1}^{n} P(A_i) \cdot P(E|A_i)} \quad \text{(Q2 S.49-50)}$$

14. Schluss

Damit sind wir auch schon am Ende der Ausarbeitung angelangt. Vielen Dank für das aufmerksame Lesen des fülligen Textes. Ich hoffe, dass sie den Text gut nachvollziehen konnten, der Inhalt gut verständlich war und Sie somit jetzt die Grundzüge der totalen und bedingten Wahrscheinlichkeitsrechnung nach Bayes beherrschen, auch wenn Mathematik **bisher** ein Graus für Sie war.

Quellenangaben:

- Q1 - Wikipedia : http://de.wikipedia.org/wiki/Bayestheorem, Stand: 03.12.2011
- Q2 - Skript : Statistik WS 2009/2010 FH-Friedberg, Dipl.Log.me.Stefan Kästner (FH)
- Q3 - Eignens erstellt
- Q4 – Abb. http://www.truelocal.com.au/business/rent-a-hand/woolooware, Stand: 03.12.2011